BEI GRIN MACHT SICH IHR
WISSEN BEZAHLT

AF151565

- Wir veröffentlichen Ihre Hausarbeit,
  Bachelor- und Masterarbeit

- Ihr eigenes eBook und Buch -
  weltweit in allen wichtigen Shops

- Verdienen Sie an jedem Verkauf

Jetzt bei www.GRIN.com hochladen
und kostenlos publizieren

Mark Wernsdorfer, Michael Held

Bestimmung der Zähigkeit von Flüssigkeiten

GRIN Verlag

Bibliografische Information der Deutschen Nationalbibliothek:

Die Deutsche Bibliothek verzeichnet diese Publikation in der Deutschen National-
bibliografie; detaillierte bibliografische Daten sind im Internet über http://dnb.d-
nb.de/ abrufbar.

Impressum:

Copyright © 2004 GRIN Verlag GmbH
Druck und Bindung: Books on Demand GmbH, Norderstedt Germany
ISBN: 978-3-638-75096-7

GRIN - Your knowledge has value

Der GRIN Verlag publiziert seit 1998 wissenschaftliche Arbeiten von Studenten, Hochschullehrern und anderen Akademikern als eBook und gedrucktes Buch. Die Verlagswebsite www.grin.com ist die ideale Plattform zur Veröffentlichung von Hausarbeiten, Abschlussarbeiten, wissenschaftlichen Aufsätzen, Dissertationen und Fachbüchern.

Besuchen Sie uns im Internet:

http://www.grin.com/

http://www.facebook.com/grincom

http://www.twitter.com/grin_com

Ausarbeitung Versuch 19:

Bestimmung der Zähigkeit von Flüssigkeiten

Bearbeiter: Michael Held
            Mark Wernsdorfer

1. Physikalische Grundlagen

1.1. Auftriebskraft und hydrostatischer Druck

Die Auftriebskraft ($\vec{F_K}$) eines Körpers **K** innerhalb eines Mediums **M** entspricht der entgegengesetzten Gewichtskraft ($\vec{G_M}$) des Volumens (V_K) des vom Körper **K** verdrängten Mediums, also:

$$\vec{F_K} = -\vec{G_M} = -(V_K * \rho_M * \vec{g})$$

Hydrostatischer Druck (**p**) an einem Punkt bestimmter 'Tiefe' (**h**) wird in einem flüssigen Medium **M** von der Gewichtskraft der auf dem Punkt stehenden Säule des Mediums ausgeübt, also:

$$p = \rho_M * g * h$$

1.2. Innere Reibung

Die Reibungskraft einer Flüssigkeit wirkt stets der Bewegungsrichtung der Flüssigkeit entgegen. Anschaulich beschreiben lässt sich die Ursache der Reibungskraft durch die Vorstellung die Flüssigkeit bestünde aus Platten, die sich zur Bewegung gegeneinander verschieben müssen. Hierbei sind die Platten, die sich nahe an einer festen Wand bewegen die langsamsten, mit zunehmendem Abstand **d** zur Wand nimmt die Plattengeschwindigkeit zu. In unmittelbarer Nähe zur Wand bildet sich eine Haftschicht (grün) aus, der sich praktisch nicht bewegt. Um die Platten gegeneinander zu verschieben ist eine Kraft nötig, die der Reibungskraft zwischen ihnen entgegenwirkt. Die gesamte Flüssigkeitsreibungskraft ergibt sich durch die Addition aller zur Plattenbewegung nötigen Kräfte.

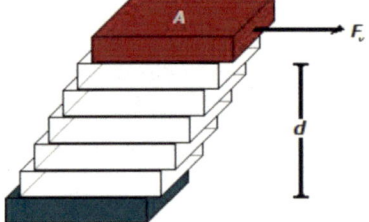

Abbildung 1: Reibungskräfte zwischen Flüssigkeitsschichten

1.3. Dynamische Viskosität

Da sich ein Objekt nur dann mit einer konstanten Geschwindigkeit (**v**) fortbewegen kann, wenn sich alle angreifenden Kräfte aufheben, muss somit eine der Reibungskraft entgegengerichtete Kraft (**F_v**) wirken. Greift nun diese Kraft **F_v** an, so bewegt sich die Haftschicht am Objekt (rote Schicht) annähernd mit der Geschwindigkeit **v** wohingegen die gegenüberliegende Haftschicht in der Distanz **d** (an der Wand des Gefässes) weiterhin in Ruhe bleibt (grüne Schicht). Die Zwischenplatten bewegen sich mit einer Geschwindigkeit kleiner als **v**, linear abhängig von ihrer Entfernung zur bewegten Haftschicht.

Da die Reibungskraft mit der Geschwindigkeit **v** zunimmt, nimmt ebenso **F_v** mit **v** zu.

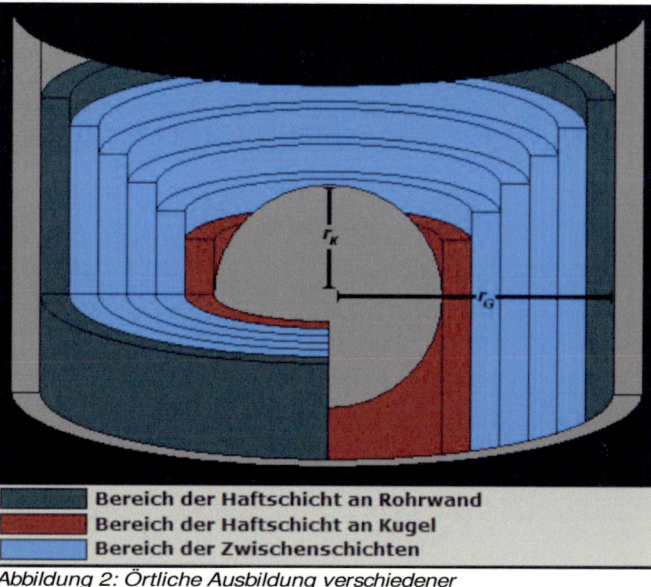

Bereich der Haftschicht an Rohrwand
Bereich der Haftschicht an Kugel
Bereich der Zwischenschichten

Abbildung 2: Örtliche Ausbildung verschiedener Flüssigkeitsschichten; Bewegungsrichung: nach unten

Desweiteren wächst **F_v** abhängig von der Reibefläche **A** zwischen den Platten direkt proportional. Als letzter Faktor muss die Distanz **d** zwischen den Haftschichten berücksichtigt werden. Diese geht jedoch indirekt proportional mit ein, da geringere Distanz gleichbedeutend mit weniger Flüssigkeitsschichten ist auf die die Reibung "verteilt" werden kann, also ergibt sich die Proportionalität:

$$F_v \sim \frac{Av}{d}$$

Wenn wir hier die dynamische Viskosität **η** einführen, lässt sich folgende Aussage treffen:

$$F_v = \eta \frac{Av}{d} \quad ; \; [\eta] = Pa*s$$

1.4. Laminare und turbulente Strömung, Reynoldsche Zahl

Das oben verwendete Bild der Strömungsvorgänge, welches die Flüssigkeit in verschiedene, aneinander reibende Schichten unterteilt, ist nur bei laminaren Strömungen gültig. Sobald Dichte **ρ** oder Flussgeschwindigkeit **v** einen gewissen Wert über- und/oder die Viskosität **η** einen gewissen Wert unterschreitet tritt eine turbulente Stömung zutage - es treten Bewegungsrichtung quer zur Strömungsrichtung auf.

Ob eine Flüssigkeit turbulentes oder laminares Strömungsverhalten zeigt,

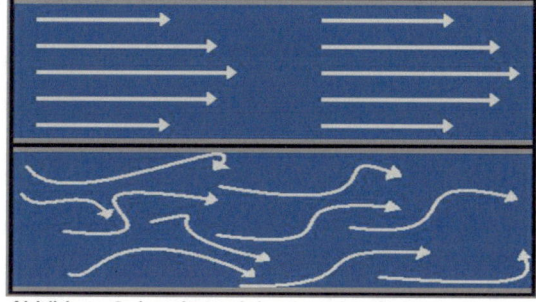

Abbildung 3: Laminare (oben) und turbulente Strömung (unten)

lässt sich anhand der Reynoldschen Zahl errechnen, die sich in folgender Form auf in Röhren des Radius r_G fliessende Flüssigkeiten anwenden lässt:

$$\text{Re}_{Rohr} = \frac{2\,r_G\,\rho\,v}{\eta} = 2,3*10^3$$

Die Reynoldschen Zahl gibt zwar einen Wert für den Übergang von laminarer in turbulente Strömung an, doch treten starke statistische Schwankungen auf, so dass sich nur in etwa sagen lässt ab wann eine Flüssigkeit ihren Strömungszustand ändert. Laminare Strömung herrscht bei einer Reynoldschen Zahl von grob unter 2000 – turbulent wird es ab über 3000.

1.5. Hagen-Poiseuillesches Gesetz

Wie bereits erwähnt können laminare Strömungen durch infinitesimal dünne Flüssigkeitsschichten angenähert werden, welche sich aufeinander bewegen und somit zur konstanten Bewegung Reibungskräfte überwinden müssen. Diese Schichten treten nun bei Rohren des Radius r_G und der Länge l_G in Form von ineinander liegenden Zylindern auf, deren Radius sich von 0 bis r_G erstreckt. Die Geschwindigkeit der Zylinder wächst mit zunehmendem Abstand zur Haftschicht an der Rohrwand – also indirekt proportional zum Radius r_G (siehe Abbildung 2).
Bei der Annahme konstanter Geschwindigkeit v setzt ein Gleichgewichtszustand zwischen der Reibungskraft innerhalb der Flüssigkeit F_R und der Kraft des hydrostatischen Druckes F_p ein:

$$F_R = F_p \quad ;$$

$$-\eta\,A_M\,\frac{\Delta v}{\Delta r_G} = \Delta p\,A_r$$

Bei Betrachtung eines Rohres gilt $A_M = 2\,l_G\,r_G\,\pi$, da die reibenden Flächen gleich der Mantelflächen der Zylinder sind. Ausserdem bezeichnet A_r den horizontalen Querschnitt des Rohres, also: $A_r = \pi\,r_G^2$

Nach Einsetzen von A_M, A_r und anschliessendem Vereinfachen ergibt sich:

$$\frac{\Delta v}{\Delta r_G} = -\frac{\Delta p\,r_G}{2\,\eta\,l_G} \quad \text{oder} \quad \frac{dv}{dr_G} = -\frac{\Delta p\,r_G}{2\,\eta\,l_G}$$

Nach Isolation von r_G:

$$r_G\,d\,r_G = -\frac{2\,\eta\,l_G}{\Delta p}\,dv$$

Nach der Integration beider Seiten:

$$\frac{1}{2}r_G^2 = -\frac{2\,\eta\,l_G}{\Delta p}\,v + C_v - C_r \quad ; \quad r_G^2 = -\frac{4\,\eta\,l_G}{\Delta p}\,v + C$$

Da die Geschwindigkeit der Haftschicht an der Wand gleich null ist, ergibt sich für $C = r_v^2$. r_v ist der Radius des von der Kraft F_v bewegten Zylinders.
Umformung ergibt die Geschwindigkeit der laminaren Strömung in einem Rohr:

$$v(r_v) = \frac{\Delta p\,(r_G^2 - r_v^2)}{4\,\eta\,l_G}$$

Δp beschreibt die Druckdifferenz zwischen den Rohrenden, also gilt in der Mitte des Rohres (bei $r_v = 0$):

$$\Delta p_0 = \frac{4\,\eta\,l_G}{r_G^2}\,v_0$$

Schliesslich ergibt sich der Volumenstrom pro Zeiteinheit anhand der Integration von $v(r_v)$ nach dem Querschnitt des Rohres:

$$\frac{\Delta V}{\Delta t} = \frac{\pi r_G^4 \Delta p_0}{8 \eta l_G}$$

Deutlich fällt hierbei die biquadratische Abhängigkeit des Stromes nach r_G auf, im Gegensatz der Einfachen nach Δp.

Der zu errechnende Wert ist die Viskosität η, daher ist es noch nötig nach η aufzulösen:

$$\eta = \frac{\pi r_G^4 \Delta t \Delta p_0}{8 l_G \Delta V}$$

1.6. Stokesches Gesetz

Auf einen Körper mit konstanter Geschwindigkeit wirkt ein Gleichgewicht der Kräfte. Für den Fall eines kugelförmigen Körpers der Masse m_n und des Radius r_v, der mit konstanter Geschwindigkeit v_0 durch ein röhrenförmiges Behältniss mit der Flüssigkeit der Dichte ρ_F und der Viskosität η gleitet, gilt folglich:

$$F_{Gewicht} - F_{Auftrieb} - F_{Reibung} = 0 \quad \text{oder}$$

$$m_n g - \frac{4}{3} r_v^3 \pi \rho_F - 6 \pi \eta v_0 r_v = 0$$

Hierbei ist $F_{Reibung}$ die Reibungskraft nach Stokes.

Aufgelöst nach η ergibt sich:

$$\eta = \frac{(m_n - \frac{4}{3} \pi r_v^3 \rho_F) g}{6 \pi r_v v_0}$$

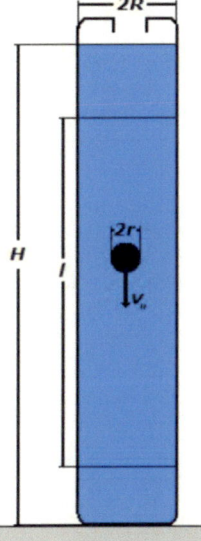

1.6.1. Ladenburg-Korrektur

Allerdings berücksichtigt das Gesetz von Stokes nicht, dass die Stömungen innerhalb eines kleinen Gefässes stärker miteinander wechselwirken als in einem Gefäss von unendlichen Ausmassen. Als Konsequenz sind die Ergebnisse die das Gesetz von Stokes liefert nur für den Fall korrekt, dass gilt $\frac{V_{Gefäss}}{V_{Objekt}} \to \infty$.

Abbildung 4: Versuchsaufbau der Viskosität nach Stokes

Als Korrekturfaktor, der die Höhe des Gefässes h_G, sowie seinen Radius r_G berücksichtigt, lässt sich λ einführen - die Ladenburg-Korrektur:

$$\lambda = \lambda_{r_G} \lambda_{h_G} = (1 + \frac{2,1 r_v}{r_G})(1 + \frac{3,3 r_v}{h_G}) \quad ; \quad \eta_{Ladenburg} = \frac{\eta}{\lambda}$$

2. Versuchsdurchführung und Messwertermittlung

2.1. Ermittlung der dynamischen Viskosität nach Hagen-Poiseuille

2.1.1. Versuchsaufbau

Ermittelt werden soll bei diesem Versuch die dynamische Viskosität destillierten Wassers. Es wird das Volumen (ΔV) in der Zeit (Δt) durch zwei Kapillaren verschiedenen Durchmessers ($2r_K$) und bestimmter Länge (l_K) geleitet. Hierbei ist die Druckdifferenz (Δp) explizit zu betrachten, da sie in dieser Form nicht in der Formel zu verarbeiten ist:

$$\eta = \frac{\pi\, r_K^4\, \Delta t\, \Delta p}{8\, l_K\, \Delta V}$$

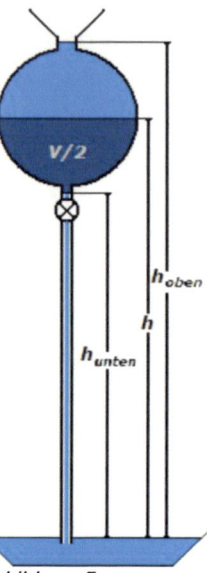

$p(t)$ lässt sich jedoch, wie in 1.1. gezeigt, durch $\rho\, g\, h$ ersetzen. Da das Behältniss als Rotationskörper um die Abflussachse betrachtet werden kann gilt analog:

$$\Delta p = \rho_{Wasser}\, g\, \frac{h_{oben} + h_{unten}}{2}$$

Da die Dichte von Wasser, der Ortsfaktor sowie die Höhen der Flüssigkeitsstände bekannt oder leicht zu ermitteln sind, sind somit alle Werte zur Errechnung der Viskosität im Versuch messbar.

$$\rho_{Wasser} = 998\, \frac{kg}{m^3} \quad ; \quad g = 9.81\, \frac{kg\, m}{s^2}$$

Abbildung 5: Versuchsaufbau der Viskosität nach Hagen-Poiseuille

2.1.2.1. Messung der Kapillarradien und -länge

Der Kapillarradius r_K wird mit einem Messmikroskop gemessen. Dieses Gerät entspricht in seinem prinzipiellen Aufbau einem normalen Mikroskop. In einem festen Abstand b vom Objektiv **Ob** befindet sich eine Strichskala **Sk**. Zunächst stellt man das Okular so ein, dass man die Strichskala scharf sieht. Durch Veränderung der Gegenstandsweite g mittels der großen Rändelschraube wird der Gegenstand durch das Objektiv so abgebildet, dass Strichskala und Zwischenbild **Zw** des Gegenstandes in einer Ebene liegen. Mit dem Okular betrachtet man diese Zwischenbildebene. Ist das Mikroskop so eingestellt, dann entspricht eine Teilung der Strichskala einer Objektgröße von 0,01 mm. Durch Drehen der Kapillare um jeweils ca. 45° werden an beiden Enden der Kapillare je vier Messungen ausgeführt. Da die Stärke der Kapillarwände durch das Messmikroskop teilweise schlecht zu erkennen ist, wird hier die doppelte Skaleneinteilung als Fehler angenommen (0,02 mm). Die Längen der Kapillaren werden mit einem millimetergenauen Holzlineal gemessen.

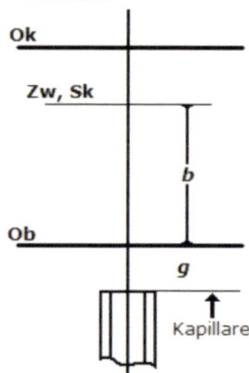

Abbildung 6: Aufbau Messmikroskop

Kapillare:		0°	45°	90°	135°
1 (d/mm)	Seite 1:	0,79	0,79	0,79	0,82
	Seite 2:	0,78	0,79	0,81	0,79
2 (d/mm)	Seite 1:	1,11	1,11	1,09	1,12
	Seite 2:	1,12	1,12	1,12	1,10

Daraus ergeben sich folgende Durchschnittswerte:

$d_{1\varnothing}=(8,0\pm0,2)*10^{-4}$ m

$d_{2\varnothing}=(11,1\pm0,2)*10^{-4}$ m

$$r_{1\varnothing}=(4,0\pm0,1)*10^{-4} \text{ m}$$
$$r_{2\varnothing}=(5,6\pm0,1)*10^{-4} \text{ m}$$

Die Längenmessung beider Kapillaren ergibt:

$$l_{1/2}=(23,5\pm0,1)*10^{-2} \text{ m}$$

2.1.2.2. Messung des Gefässvolumens

Das Gefässvolumen wird direkt am Versuchsaufbau (Abbildung 5) gemessen. Es muss darauf geachtet werden, dass sich in Ballongefäss, Hahn und Verbindungsschlauch keine Luftblasen befinden. Daraufhin wird das Wasser aus dem Gefäss von h_{oben} bis h_{unten} in einen Messbecher abgelassen und das Volumen abgelesen.

Das die millilitergenaue Skala des Messbechers ergibt:

$$V=(53,0\pm0,1)*10^{-5} \text{ m}^3$$

2.1.2.3. Messung der Höhe der Flüssigkeitsoberfläche

Hier wird nun die Höhe h des Flüssigkeitsstandes bei $V/2$ gemessen. Hierbei muss das millimetergenaue Holzlineal an der Wasseroberfläche des Ablaufbeckens angelegt, und beim aktuellen Flüssigkeitsstand am Ballongefäss abgelesen werden. Es bietet sich hier nicht an den Mittelwertwert von h_{oben} und h_{unten} zu verwenden, da die obere Marke nicht zwangsläufig genausoweit vom Korpus des Gefässes entfernt ist wie die untere. Da das Anlegen eines Holzlineals an Flüssigkeitsoberflächen mit Schwierigkeiten verbunden ist, wird hier die doppelte Skaleneinteilung als Fehler betrachtet.

Die Höhenmessung zeigt:

$$h=(37,7\pm0,2)*10^{-2} \text{ m}$$

2.1.2.4. Messung der Durchlaufzeiten

Für die Messung der Zeit, in der das Wasser im Gefäss von h_{oben} bis h_{unten} abfliesst, ist entscheidend, dass die Kapillare komplett mit Wasser gefüllt ist und sich in ihr keine Luftbläschen befinden. Ausserdem sollte sich das Kapillarenende unterhalb der Wasseroberfläche des Auffangbeckens befinden.
Fehler bei dieser Messung resultieren wohl hauptsächlich aus der Reaktionszeit des Zeitnehmers. Diese wird hier auf 0,2 s veranschlagt.

Die Zeitmessung ergibt:

$$t_1=(350,0\pm0,2)s$$
$$t_2=(98,0\pm0,2)s$$

2.1.3. Auswertung

$$\eta_{1Best}=\frac{\pi\, r_{1Best}^4\, \rho_{Wasser}\, g\, h\, t_1}{8\, l_{1/2}\, V} \approx \underline{1022,0*10^{-6} \text{ Pa s}}$$

$$\eta_{2Best} = \frac{\pi\, r_{2Best}^4\, \rho_{Wasser}\, g\, h\, t_2}{8\, l_{1/2}\, V} \approx \underline{1087{,}1*10^{-6}\ Pa\ s}$$

2.1.4. Fehlerrechnung

ρ_{Wasser} und g werden als fehlerfreie Literaturwerte verwendet.

$$\frac{\Delta\eta_{1/2}}{\eta_{1/2Best}} = \sqrt{4^2\left(\frac{\Delta r_{1/2}}{r_{1/2}}\right)^2 + \left(\frac{\Delta l_{1/2}}{l_{1/2}}\right)^2 + \left(\frac{\Delta V}{V}\right)^2 + \left(\frac{\Delta h}{h}\right)^2 + \left(\frac{\Delta t_{1/2}}{t_{1/2}}\right)^2}$$

$$\frac{\Delta\eta_1}{\eta_{1Best}} \approx 0{,}1025 \approx 10{,}2\%;$$

$$\frac{\Delta\eta_2}{\eta_{2Best}} \approx 0{,}0748 \approx 7{,}5\%;$$

$$\boldsymbol{\eta_1 = (102{,}2 \pm 10{,}5)*10^{-5}\ Pa\ s}$$
$$\boldsymbol{\eta_2 = (108{,}7 \pm 8{,}1)*10^{-5}\ Pa\ s}$$

2.1.5. Überprüfung des r^4-Gesetzes

Die Proportionalität $\dfrac{\Delta V}{\Delta t} \sim \dfrac{r_K^4}{l}$ ist zu überprüfen. Da $l_1 = l_2$, sowie $V_1 = V_2 = V$, gilt zu zeigen,

dass $r_K^4 \sim \dfrac{1}{\Delta t}$.

Hier werden lediglich Bestwerte behandelt, da ohnehin eine gewisse Abweichung zu erwarten ist.

$$\frac{t_2}{t_1} \approx \left(\frac{r_{1Best}}{r_{2Best}}\right)^4 \quad ; \quad \underline{0{,}28 \approx 0{,}2632}$$

Also trifft das r^4-Gesetz zu.

2.2. Ermittlung der dynamischen Viskosität nach Stokes

2.2.1. Versuchsaufbau

Bei der Ermittlung der Viskosität nach Stokes werden Kugeln verschiedener Radien r_v und Massen m_n durch einen mit Flüssigkeit der Dichte ρ_F gefüllten Zylinder fallen gelassen (siehe Abbildung 4) – hier ist die Flüssigkeit Silikonöl. Der Ortsfaktor g sowie die Dichte der Flüssigkeit $\rho_{Silikonöl}$ werden als Literaturwerte übernommen, die konstante Gleichgewichtsgeschwindigkeit v_0 wird mit einer Stoppuhr nach $\dfrac{l_G}{t_K}$ ermittelt. Benutzt wird die Formel zur Berechnung der dynamischen Viskosität aus 1.6.:

$$\eta = \frac{(m_n - \frac{4}{3} r_v^3 \rho_{Silikonöl}) g}{6\pi r_v v_0}$$

2.2.2.1. Messung des Radius und der Länge des Gefässes

Mithilfe eines Holzlineals der Genauigkeit 1mm wird der Radius r_G sowie die Höhe h_G des Gefässzylinders gemessen, in dem sich das Silikonöl befindet. Ausserdem wird die Länge l_G bestimmt - die Strecke innerhalb derer die Kugeln sich mit konstanter Geschwindigkeit v_0

bewegen.

$$h_G=(80{,}0\pm0{,}1)*10^{-2}\ m;\ l_G=(51{,}0\pm0{,}1)*10^{-2}\ m;\ r_G=(232{,}5\pm0{,}1)*10^{-4}\ m$$

2.2.2.2. Messung des mittleren Gewichts jeder Kugelart

Fünf Kugeln einer Masse werden jeweils zusammen gewogen. Das Einzelgewicht m_n ergibt sich aus der Division aller Kugeln einer Art durch fünf. Die Messgenauigkeit der Waage beträgt in etwa 0,2 mg.

Gewicht:	K_2	K_3	K_4	K_5
5*m/mg	42,9	227,2	412,5	821,1
$m_\emptyset$/mg	8,58	45,44	82,5	164,22

2.2.2.3. Messung der Kugelradien

Für jede einzelne der Kugeln wird der Radius r_v anhand einer Mikrometerschraube bestimmt. Der angegebene Radius einer Kugelart ist das arithmetische Mittel der einzelnen Kugelradien einer Art. Anhand der Mikrometerschraube sind bis auf 0,01 mm genaue Längenangaben zu machen. Der Fehler des Radius beträgt also 0,005 mm

Radius:	K_2	K_3	K_4	K_5
r_1/mm	0,94	1,43	1,98	2,47
r_2/mm	0,96	1,61	2,00	2,46
r_3/mm	0,93	1,50	1,92	2,44
r_4/mm	0,92	1,50	1,99	2,45
r_5/mm	0,94	1,71	1,94	2,43
$r_\emptyset$/mm	0,94	1,55	1,97	2,45

2.2.2.4. Messung der Fallzeiten

Daraufhin werden die Kugeln in den Messzylinder geworfen und die Zeit t_K gestoppt, die sie für die Strecke l_G benötigen (siehe Abbildung 4). Wichtig ist hierbei, dass die Kugeln zu Beginn der Zeitnahme die konstante Gleichgewichtsgeschwindigkeit v_0 erreicht haben. Als Fehler ist hier vor Allem die Reaktionszeit des Zeitnehmers zu nennen. Sie dürfte sich in etwa auf 0,2 s belaufen. Desweiteren sollte darauf geachtet werden, dass die Kugeln möglichst mittig eigeworfen werden, da sonst die Flüssigkeitsreibung an einer Seite grösser ist als an der anderen und daduch ein Teil der potentiellen Energie in Rotationsenergie übergeht (siehe Abbildung 2).

Zeit:	K_2	K_3	K_4	K_5
t_1/s	79,9	31,4	23,1	15,4
t_2/s	79,8	39,5	22,8	15,4
t_3/s	68,8	40,1	23,5	15,5
t_4/s	82,9	29,8	23,7	15,3
t_5/s	83,3	40,3	23,2	15,5
$t_\emptyset$/s	78,9	36,2	23,3	15,4

2.2.3. Auswertung

Anhand der gemittelten Werte aus 2.2.2.4. sowie der bekannten Weglänge l_G lässt sich durch $\dfrac{l_G}{t_K}$ die Durchschnittsgeschwindigkeit (v_0) der Kugelart **K** beschreiben. Die Dichte des Öls war gegeben mit $\rho_{Silikonöl}$=976 Kg/m³. Die auftretende Viskosität bei Kugeln des Typ **K** ergibt sich also darufhin durch:

$$\eta_K = \frac{\left(m_n - \frac{4}{3}\pi r_v^3 \rho_{Silikonöl}\right)g\,t_K}{6\pi r_v l_G}$$

$\eta_{2Best} = 444{,}1 * 10^{-3}$ Pa s
$\eta_{3Best} = 720{,}1 * 10^{-3}$ Pa s
$\eta_{4Best} = 618{,}5 * 10^{-3}$ Pa s
$\eta_{5Best} = 667{,}7 * 10^{-3}$ Pa s

Durch die Anwendung der Ladenburg-Korrektur kann das Ergebnis weiter an den tatsächlichen Wert angenähert werden (siehe 1.6.1.):

$$\eta_{LK} = \frac{\eta_K}{\left(1 + \frac{2{,}1\,r_K}{r_G}\right)\left(1 + \frac{3{,}3\,r_K}{h_G}\right)}$$

$\eta_{L2Best} = 407{,}7 * 10^{-3}$ Pa s
$\eta_{L3Best} = 627{,}7 * 10^{-3}$ Pa s
$\eta_{L4Best} = 520{,}8 * 10^{-3}$ Pa s
$\eta_{L5Best} = 541{,}3 * 10^{-3}$ Pa s

2.2.4. Graph der Viskosität mit und ohne Ladenburg-Korrektur, Extrapolation

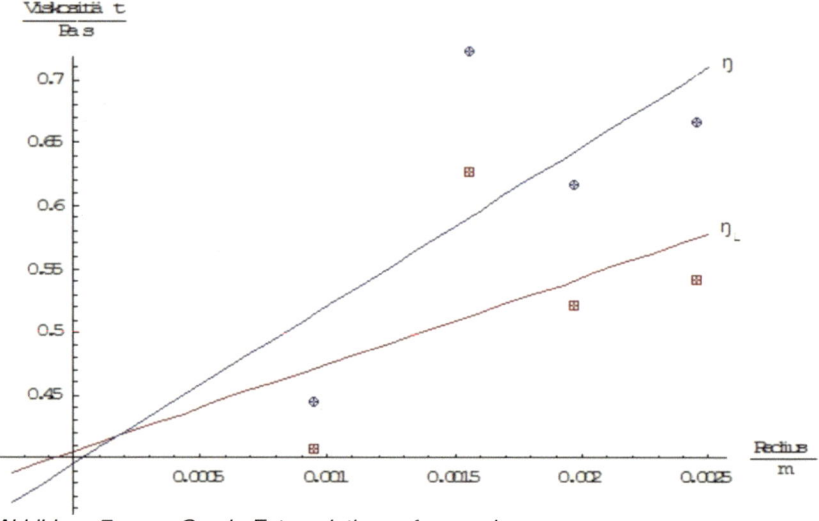

Abbildung 7: η, η_L-Graph, Extrapolation auf η_0 und η_{L0}

$\eta_{0Best} = 395{,}5 * 10^{-3}$ Pa s
$\eta_{L0Best} = 405{,}4 * 10^{-3}$ Pa s

2.2.5. Ermittlung der Reynolds-Zahlen und der kritischen Geschwindigkeit

Die bereits in 1.4. genannte Formel wird nun herangezogen um zu überprüfen, ob sich die Stömung im Gefässzylinder laminar oder turbulent verhält. Die zuvor erzielten Ergebnisse sind nur zur Berechnung der Viskösität tauglich, insofern laminare Strömung gegeben ist. Hier wird auf den Ladenburg-korrigierten Wert für die Viskosität η_{L0} zurückgegriffen, da dieser näher am tatsächlichen Wert liegen dürfte. Desweiteren wird mit dem Bestwert gerechnet, da lediglich geklärt werden muss ob $Re_K > 2300$.

$$Re_K = \frac{2 r_G \rho_{Silikonöl} v_0}{\eta_{LO}} = \frac{2 r_G \rho_{Silikonöl} l_G}{\eta_{LO} t_K}$$

$$Re_2 \approx 0,724$$
$$Re_3 \approx 1,577$$
$$Re_4 \approx 2,450$$
$$Re_5 \approx 3,707$$

Dies zeigt, dass für jede Fallgeschwindigkeit v_K laminare Strömung gegeben ist, da sich die errechneten Werte deutlich unterhalb der kritischen Grenze von $Re_{Rohr}=2300$ befinden.
Durch Umstellen lässt sich die Reynoldsche Formel zur Berechnung der kritischen Geschwindigkeit v_{krit} nutzen, ab der die Kugel im Gefäss turbulente Strömung verursacht:

$$v_{krit} \geq \frac{Re_{Rohr} \eta_{LO}}{2 r_G \rho_{Silikonöl}} \quad ;$$

$$v_{krit} \geq 20,55 \text{ m/s}$$

Dies entspricht in etwa einer Geschwindigkeit von 74 km/h in unserem Versuch, ist also weit ausserhalb des Erwartungshorizontes.
Zu erwähnen ist allerdings noch, dass bei der Berechnung der Viskosität sowie der kritischen Geschwindigkeit der Kugelradius ausser acht gelassen wurde. Bei den geringen Ausmassen der hier verwendeten Kugeln spielt dies kaum eine Rolle, bei grösseren Radien jedoch sollte bei obigen Formeln r_G durch r_G-r_v ersetzt werden (siehe Abbildung 2).

2.2.6. Fehlerrechnung

Auch hier werden $\rho_{Silikonöl}$ und g wieder als fehlerfrei angenommen.

$$\eta_K = \frac{A_K g t_K}{6 \pi l_G} \quad , \text{ wobei: } \quad A_n = \frac{m_n}{r_v} - \frac{4}{3} \pi r_v^2 \rho_{Silikonöl}$$

$$\frac{dA_n}{dm_n} = \frac{1}{r_v} \quad ; \quad \frac{dA_n}{dr_v} = -\frac{m_n}{r_v^2} - \frac{8}{3} \pi r_v \rho_{Silikonöl} \quad ; \quad \Delta A_n = \sqrt{\Delta m_n^2 \left(\frac{dA_n}{dm_n}\right)^2 + \Delta r_v^2 \left(\frac{dA_n}{dr_v}\right)^2}$$

$$\Delta \eta_n = \eta_n \sqrt{\left(\frac{\Delta A_n}{A_n}\right)^2 + \left(\frac{\Delta t_K}{t_K}\right)^2 + \left(\frac{\Delta l_G}{l_G}\right)^2} \quad ;$$

$$\frac{\Delta \eta_1}{\eta_{1 Best}} \approx 4,18\%;$$

$$\frac{\Delta \eta_1}{\eta_{1 Best}} \approx 1,20\%;$$

$$\frac{\Delta \eta_1}{\eta_{1 Best}} \approx 1,20\%;$$

$$\frac{\Delta \eta_1}{\eta_{1 Best}} \approx 1,44\%$$

$$\eta_2 = (444,1 \pm 18,6) * 10^{-3} \text{ Pa s}$$
$$\eta_3 = (720,1 \pm 8,6) * 10^{-3} \text{ Pa s}$$
$$\eta_4 = (618,5 \pm 7,4) * 10^{-3} \text{ Pa s}$$
$$\eta_5 = (667,7 \pm 9,6) * 10^{-3} \text{ Pa s}$$

3. Fazit

3.1.1. Zusammenfassung des Versuchs nach Hagen-Poiseuille

Die Wert der ersten Kapillare für die Viskosität von Wasser (η_1=(1022,0±104,7)*10^{-6} Pa s) deckt sich innerhalb der Fehlertoleranzen mit dem Literaturwert aus *"Wilhelm Walcher: Praktikum der Physik" (Teubner Verlag, 7. Auflage)* von η_{Wasser}=100,2*10^{-6} Pa s. Der zweite hingegen liegt leicht ausserhalb (η_2=(1087,1±81,3)*10^{-6} Pa s). Prozentual weicht der Wert bei Kapillare eins um 1,9% und bei Kapillare zwei um 8,5% ab.

Als mögliche Fehlerursachen sind Verunreinigungen des Wassers (inklusive Luftblasen) und die mangelnde Miteinbeziehung der Raumtemperatur zu nennen. Letzterem könnte abhilfe geschaffen werden, indem die Kapillare durch ein Wasserbad geführt wird, um so eine konstante Temperatur einzustellen.

3.1.2. Zusammenfassung des Versuchs nach Stokes

Die ermittelte Viskosität (η_{oBest}=395,5*10^{-3} Pa s; η_{LoBest}=405,4*10^{-3} Pa s) lässt sich leider nicht mit einem Literaturwert in Verbindung bringen, da nicht angegeben ist um welche Art Silikonöl es sich handelt. Allerdings lassen die relativ geringen Einzelfehler (1,20%-4,18%), sowie die recht lineare Verteilung der Messpunkte den Schluss zu, dass ein aussagekräftiges Ergebnis erzielt wurde. Das auffällige Abweichen der Kugeln vom Typ 4 ist wahrscheinlich auf grössen- bzw- formmässige Irregularitäten zurückzuführen, da des Häufigeren Kugeln unterschiedlichen Typs in einem Behälter zu finden sind. Hauptursache für ein Abweichen vom tatsächlichen Wert dürfte im Bereich der Messungenauigkeiten vor Allem die Zeitmessung sein, da hier der Fehler (0,2 s) verhältnismässig am stärksten ins Gewicht fällt.

Desweiteren ist mit einem Zunehmen des Fehlers bei grösseren Kugelradien zu rechnen, einerseits wegen eben erwähntem Zeitfehler (grösserer Radius bedeutet gleichzeitig längere Fallzeiten), andererseits wegen verändertem Abstand zur Rohrwand. Mit grösserem Radius nimmt der Abstand der Objekthaftschicht auf der Kugel und der Rohrhaftschicht ab, was in einer grösseren Reibungskraft der Flüssigkeit resultiert. Die kann jedoch, wie bereits erwähnt, durch das Ersetzen von r_G durch r_G-r_V kompensiert werden. In diesem Zusammenhang ist als Fehlerquelle noch zu nennen, dass die Kugeln unter Umständen zu nah an der Rohrwand eingeworfen wurden. Dies würde in einer Umsetzung der potentiellen in Rotationsenergie resultieren, da die Reibungskräfte an der einen Seite der Kugel stärker wirken würden als an der anderen.

3.1.3. Verwendete Literatur

"Physik"; Paul A. Tipler; © 1991, 1982, 1976 by Worth Publishers, Inc.
"Mathematische Formeln und Definitionen"; Barth, Mühlbauer, Nikol, Wörle; © Bayerischer Schulbuch-Verlag, J. Lindauer Verlag (Schaefer)
"Physikalische Formeln und Tabellen"; Hammer/Hammer; © J. Lindauer Verlag (Schaefer)
"Praktikum der Physik"; Wilhelm Walcher; © 1994 Teubner-Studienbücher: Physik
"Grundkurs der Physik"; Karl Hammer; © 1977 R. Oldenbourg Verlag München Wien